Uwe H. Sültz

Tonkopfeinstellung

mit der DRAGON Einstell-Compact-Cassette an NAKAMICHI-Chassis einfach erklärt mit Bildern

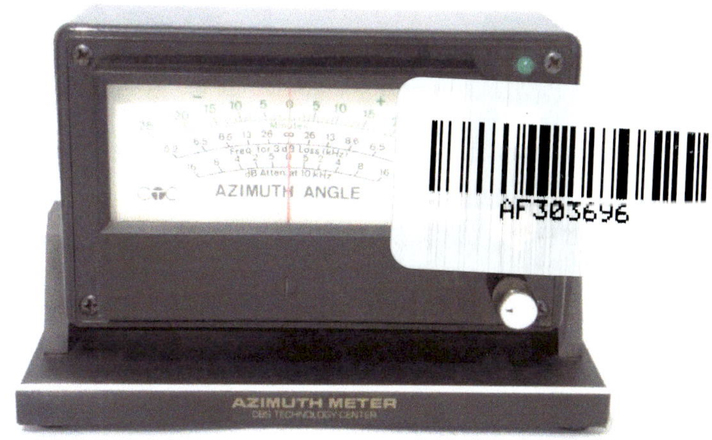

BoD- Books on Demand

Norderstedt 2019

Bibliografische Information durch die Deutsche Nationalbibliothek

Die Deutsche Nationalbibliothek verzeichnet diese Publikation in der Deutschen Nationalbibliografie; detaillierte bibliografische Daten sind im Internet über http://dnb.dnb.de abrufbar.

Herstellung und Verlag:

BoD – Books on Demand, Norderstedt, Deutschland

ISBN 9-78374-8-17841-5

Inhalt:

MONO-Tonkopf

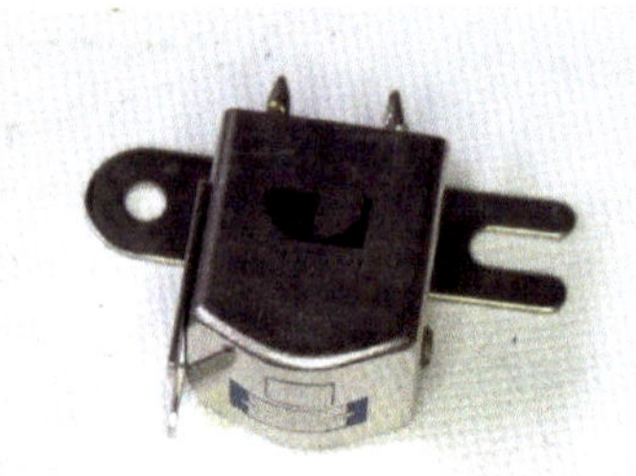

Kombikopf STEREO

Autoreverse STEREO

Dreikopf als Kombi oder mit getrennten Köpfen

Räumlich getrennte Tonköpfe

NAKAMICHI TriTracer 1000

Bereits im NEU-Zustand müssen Tonköpfe nicht unbedingt korrekt eingestellt sein. Als Beweis wird hier der Compact Cassetten Recorder ELAC CD 400 (auch CD 500 und CD 520) erwähnt. Die ersten 1973 ausgelieferten Geräte hatten einen stark verstellten Kopf. Die Besitzer

merkten nichts, solange Cassetten auf dem eigenen Recorder abgespielt wurden. Ein Cassetten-Tausch mit Nachbarn oder Freunden zeigte dann das Dilemma. Eilig wurden von NAKAMICHI Testbänder hergestellt und verteilt. Denn die Recorder stammen von NAKAMICHI. Über ELAC vertrieb NAKAMICHI ihre Geräte in Deutschland. Die verbauten NAKAMICHI-Chassis wurden in vielen weiteren Herstellern verbaut, etwa

THE FISCHER, ADVENT, HARMAN KARDON…

Aber das ist in anderen SÜLTZ-Büchern beschrieben. Weiterhin muss gesagt werden, dass, je härter der Stopp-Mechanismus am Bandende „zuschlägt", je eher wird sich die

Einstellschraube des Tonkopfes verstellen. Bauartbedingt werden Tonköpfe in die Compact Cassette bewegt. Das führt auch bei noch so sanftem Einführen zu kleinen Erschütterungen. Dagegen sitzen die Tonköpfe bei Tonbandmaschinen bombenfest. Ansonsten wäre ein NAKAMICHI DRAGON nie entwickelt worden, denn je nach Phasenlage der Aufnahme wird der Wiedergabekopf ständig elektronisch nachgeregelt.

Seit 1963 gibt es die Compact Cassette und den Recorder. PHILIPS stellte 1963 den weltersten Recorder EL 3300 auf der Funkausstellung vor. Bei der Vorstellung war mein Vater Heinz Sültz, Radio- und Fernsehtechniker Meister, mit dabei. Seit 1973 werden HiFi-Recorder in Deutschland von NAKAMICHI über ELAC vertrieben. Die HiFi-Schwelle wurde bereits Ende der 1960'er Jahre erreicht, mit HARMAN KARDON und THE FISHER beispielsweise. Offiziell durchbrach Kenry Kloss mit seinem Recorder ADVENT 200 die HiFi-Schallmauer. Das war 1971. Übrigens haben alle Recorder mindestens das NAKAMICHI-Chassis. Aber

NAKAMICHI baute auch komplette Geräte für andere Hersteller. 1973 wurde das Logo von NAKAMICHI geändert.

Seit 1973 stellt SÜLTZ ELEKTRONIK Tonköpfe ein. Bevorzugt NAKAMICHI.

Das ist der Grund warum in dieser Anleitung die Tonkopfeinstellung bei

NAKAMICHI-Geräten gezeigt wird. Grundsätzlich ist die Einstellung bei allen Geräten gleich. Ebenso der Arbeitsablauf. Übrigens ist die Azimut-Einstellung nicht nur bei HiFi-Endgeräten wichtig. In vielen ROSITA Steroanlagen (Plattenspieler, Recorder, Versärker und Radio) wurden z.B. PHILIPS Recorder mit einem Frequenzbereich von 50 Hz bis 10000 Hz verbaut. Auch die Besitzer solcher und ähnlicher Stereo-Anlagen wollten eine Tonkopfeinstellung. SÜLTZ ELEKTRONIK stellt seit 1973 Tonköpfe ein... und seit 1976 im Außendienst! Dazu wurden PHILIPS Messcassetten verwendet und ein Messgerät MADE BY SÜLTZ. Die erste

Messcassette gab es 1965 von PHILIPS. Hier eine der ersten von PHILIPS Dortmund ausgelieferten:

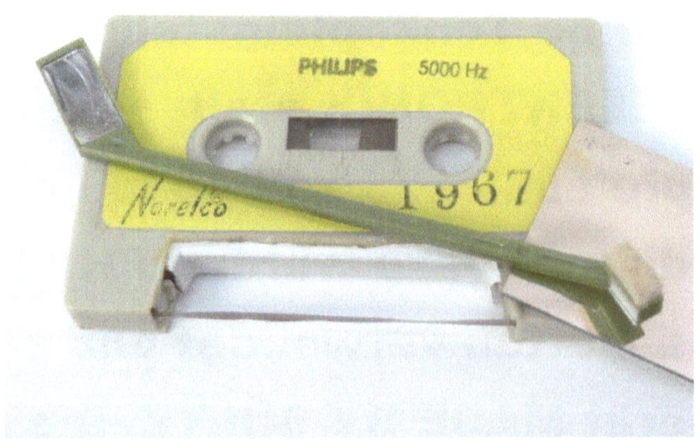

Danach brachte PHILIPS diese Einstellcassette heraus, mit Messgerät:

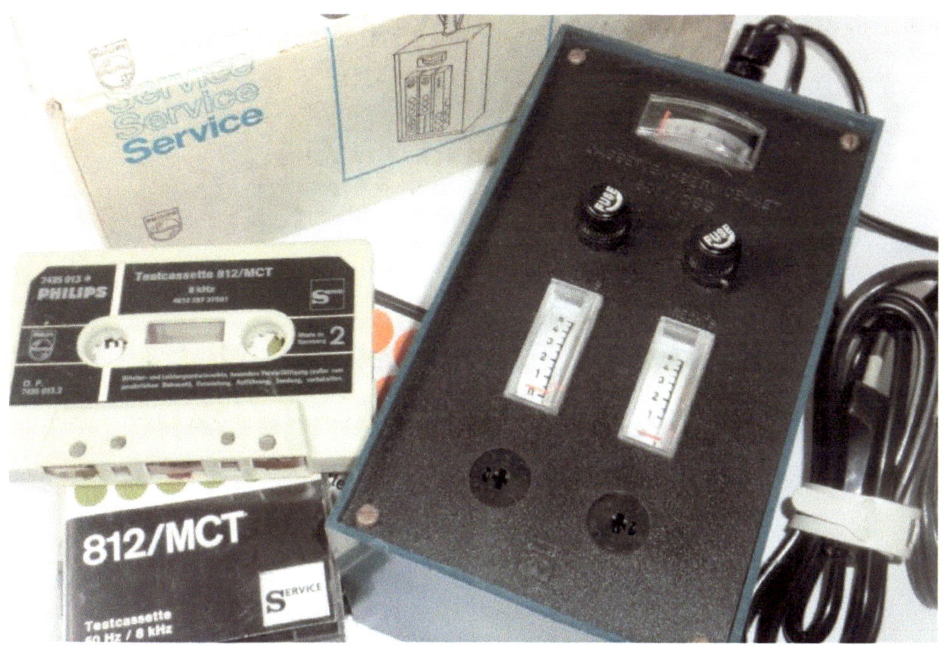

Hier das SÜLTZ ELEKTRONIK Messgerät mit Batterieversorgung. Der Anschluss erfolgt über Cinch oder DIN 5-Pol:

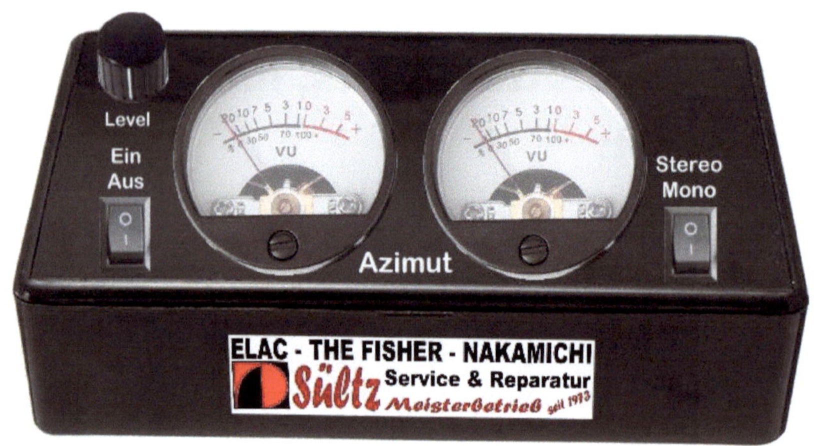

Wir haben alle Recorder mit der Frequenz von 8000 Hz eingestellt.

Natürlich gibt es noch viel mehr Messcassetten, etwa eine NAKAMICHI mit 20000 Hz. Eine Auswahl gibt es im Buch AZIMUT:

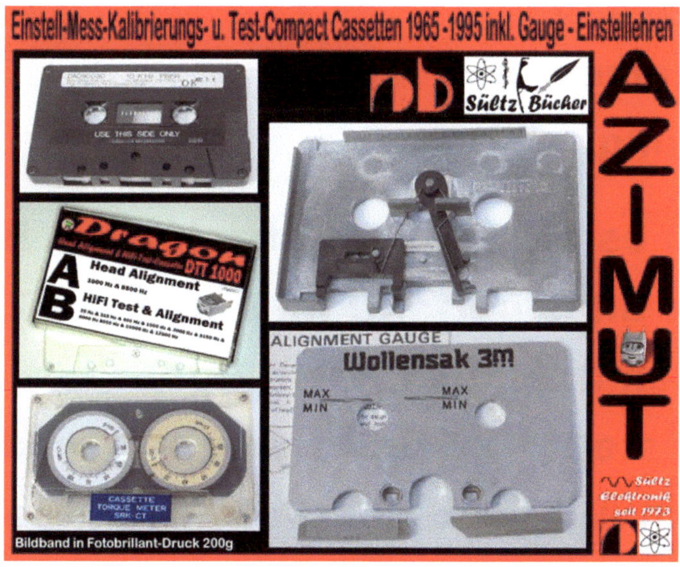

Die PHILIPS Messcassette hatte den Vorteil, dass im Außendienst 8000 Hz gut hörbar war. Der Kunde konnte sich an der Einstellung beteiligen. In der Werkstatt wurden Einstellungen mit dem Oszilloskop kontrolliert. Ergibt das Ergebnis folgende Lissajous-Figur, so war die Einstellung in Ordnung.

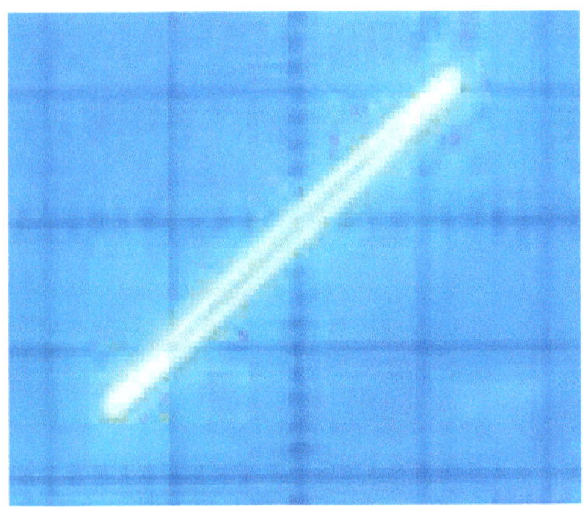

Wenn es ein gerader Strich wird, ist sogar alles perfekt! Im Laufe der Zeit wurden unendlich viele Recorder eingestellt. Die Erfahrung zeigte, dass so viel Aufwand gar nicht betrieben werden musste, um sehr gute

Ergebnisse zu erzielen. So lässt sich tatsächlich eine Einstellung nur nach Gehör durchführen. Und dazu eignet sich eine Testcassette mit einer Frequenz von 15000 Hz oder gar 20000 Hz gar nicht, denn wir hören im Laufe der Zeit immer weniger an hohen Frequenzen. Ein 35-jähriger Musikhörer hört noch Frequenzen bis 15000 Hz. Der Recorder sollte trotzdem perfekt eingestellt werden, da ja noch weitere Faktoren zu berücksichtigen sind. Diese nachfolgende Beschreibung stellt eine "Schritt für Schritt Beschreibung" zum Azimut-Abgleich eines Tapedecks dar.

Die einzelnen Schritte sind bewusst möglichst einfach und verständlich gehalten. Auch der nicht professionelle Anwender, mit geringerem Hintergrundwissen, soll so eine perfekte Einstellung vornehmen können.

Aus diesem Grund ist auch das eine oder andere technische Detail nicht weiter erwähnt.

Für die einzelnen Einstellungsschritte gibt es u.U. auch andere Methoden, wobei hier die jeweils einfachste (aber dennoch genügend genaue) Abgleichmöglichkeit für den Heimgebrauch beschrieben wird. Früher haben wir auch für Bars, Discotheken, Gaststätten, bis hin zur

Polizei, Anlagen aufgebaut und eingestellt.

Die einzelnen Schritte sollten möglichst der Reihenfolge nach durchgeführt werden.

Sollten Sie der Meinung sein, dass die Azimut-Einstellung stimmt und nur eine Kontrolle vornehmen wollen, dann markieren Sie die Einstellschraube gut, um sie jeder Zeit wieder in die originale Stellung zu bringen. Bedenken Sie auch, dass nach einer Einstellung alle aufgenommenen Cassetten nicht mehr in den Höhen klingen. Neuaufnahmen lassen sich nun allerdings auf allen „geeichten" Recordern bestens

abspielen. Original bespielte Cassetten, MusiCassetten, sind geeicht.

Als Beispiel für diese Broschüre dienen NAKAMICHI-Chassis und die DRAGON Einstellcassette.

Anzumerken ist, dass diese Testcassette vor der Veröffentlichung des **NAKAMICHI DRAGON** erschienen ist und nichts mit **NAKAMICHI** zu tun hat.

Nun starten wir... Schritt für Schritt:

Zunächst wird die gesamte Mechanik, mit der das Band in der Cassette in Berührung kommt, gereinigt. Das sind Tonköpfe, Capstanwelle oder Wellen und Andruckrolle, bzw. Rollen. Dabei müssen die Andruckrollen gut gereinigt werden. Auf ihnen haftet auch Abrieb des Compact Cassetten Bandes. Gerade billiges Ferro-Band lässt die Andruckrolle braun und schmierig werden. Andruckrollen

werden auch unrund und ziehen dann das Band nicht mehr korrekt am Kopf vorbei. Ein Regelmäßiger Wechsel wäre sehr gut.

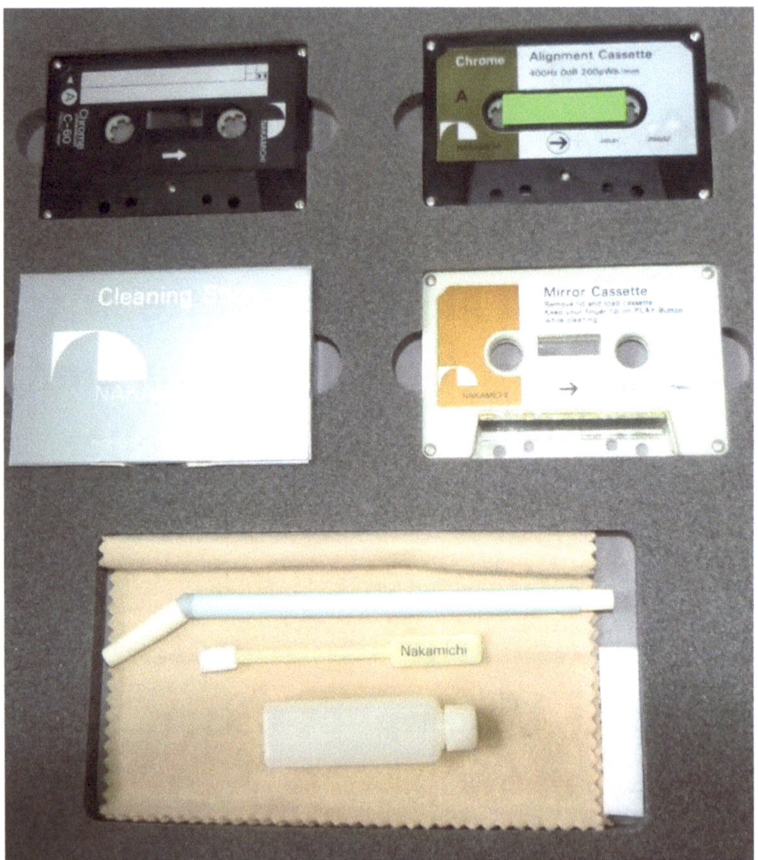

NAKAMICHI hat bei den Recordern 700 TRI-TRACER und 1000 TRI-TRACER dieses komplette Einstell- und Reinigungs- Set zum Recorder gelegt.

Ebenso ist auf einen korrekten Bandzug zu achten. Aber in dieser Anleitung geht es nur um die Tonkopfeinstellung.

Mit einem Pinsel wird entstaubt.

Isopropanol oder Spiritus eignen sich mit Lappen und Wattestäbchen sehr gut.

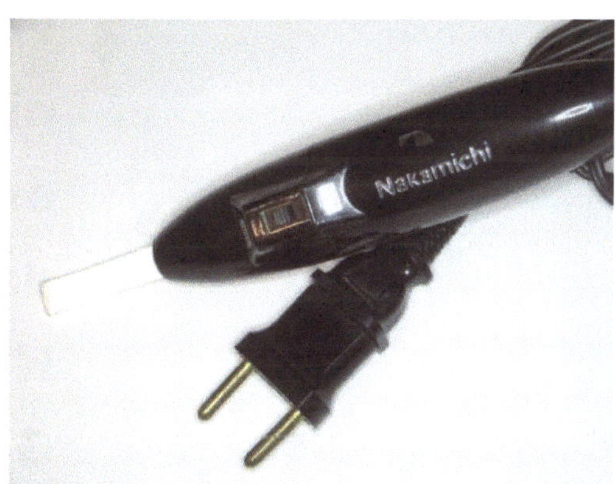

Nun wird der Recorder mit gezogenem Netzstecker entmagnetisiert. Die Entmagnetisierungsdrossel ca. 70 cm vom Recorder einschalten. Langsam wird die Drossel an die Bauteile geführt ohne diese aber zu berühren.

In kreisenden Bewegungen werden nun Tonköpfe, Bandführungen und Wellen entmagnetisiert. 10 bis 20 Sekunden reichen dazu aus. Capstanwelle oder Wellen bei direktgetriebenen Tapedecks

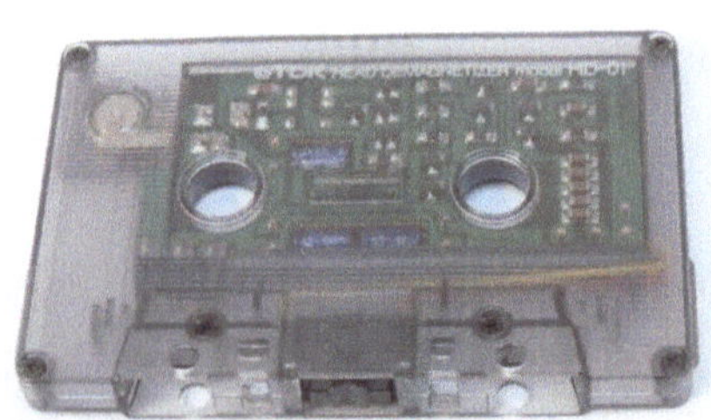

vorsichtshalber nicht entmagnetisieren, da hier mitunter Hallsensoren zur Geschwindigkeits-überwachung verwendet werden, die durch das magnetische Feld der Drossel zerstört werden können.

Eine Entmagnetisierungscassette kann ebenfalls verwendet werden.

Sollte ein neuer Kopf eingebaut worden sein, so ist der Bandlaufpfad mit einer Spiegelcassette zu kontrollieren.

Das Band muss mittig zwischen den Bandführungen verlaufen. Ansonsten gibt es oben oder unten am Band Falt- und Knickstellen, was es unbrauchbar

machen würde. Der Bau einer
Spiegelcassette wird am Buchende
beschrieben.

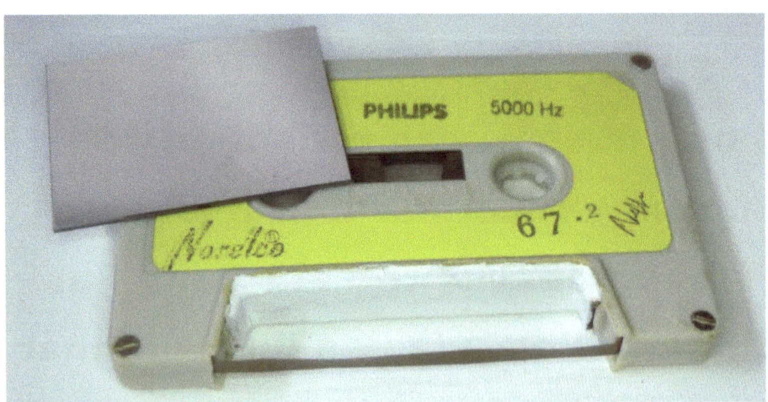

Azimut (Spurfehlwinkel) des Wiedergabekopfes einstellen mit Hilfe eines Millivoltmeters:

Die Standarteinstellung mit den besten Ergebnissen wird mit einem Millivoltmeter und mit einem Oszilloskop erreicht.

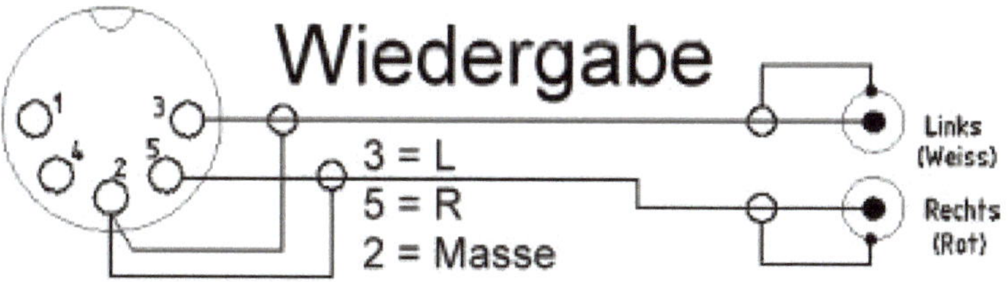

Schließen Sie das Millivoltmeter an den Ausgang Ihres Recorders, das können Cinchanschlüsse oder 5-Pol-

DIN-Anschlüsse sein, an.

**Nun die bereits vor- und
zurückgespulte Messcassette
abspielen. Bei der hier benutzten**

DRAGON-Cassette wird zuerst der 1000 Hz-Ton abgespielt. Er dient als Voreinstellung. Wenn nämlich nicht sicher ist, ob der Azimut nicht eventuell kräftig verstellt wurde (oder ein neu eingebauter Kopf), dann empfiehlt es sich zunächst ein Grobabgleich mit einem Signal von 1kHz, um dann erst anschließend auf die höheren Frequenzen überzugehen.

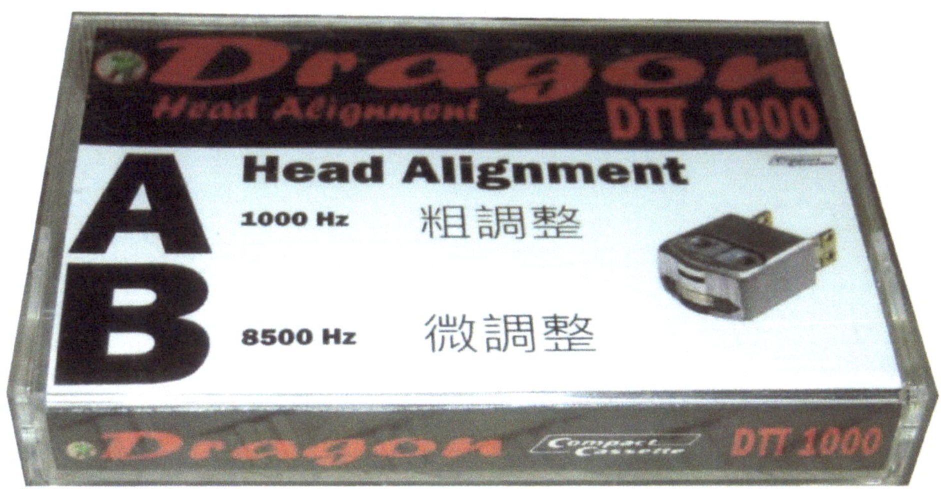

Das kann deswegen nützlich sein, um nicht auf ein sogenanntes Nebenmaximum abzugleichen.

Das Millivoltmeter sollte nun auf Spannungsmaximum eingestellt werden. Die Schraube wird sozusagen eingetaumelt. Etwas nach links, etwas nach rechts, bis zum Spannungsmaximum.

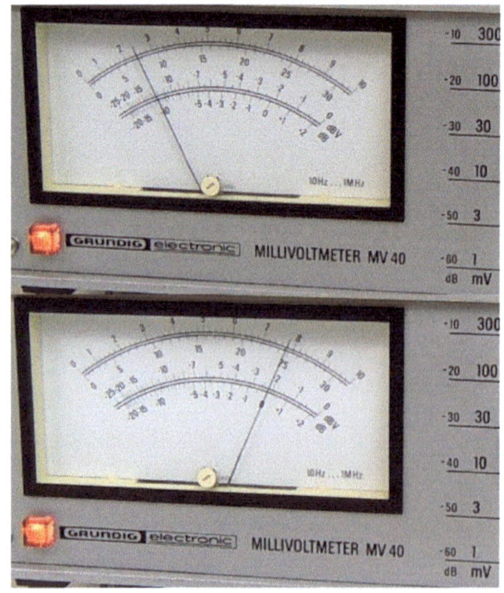

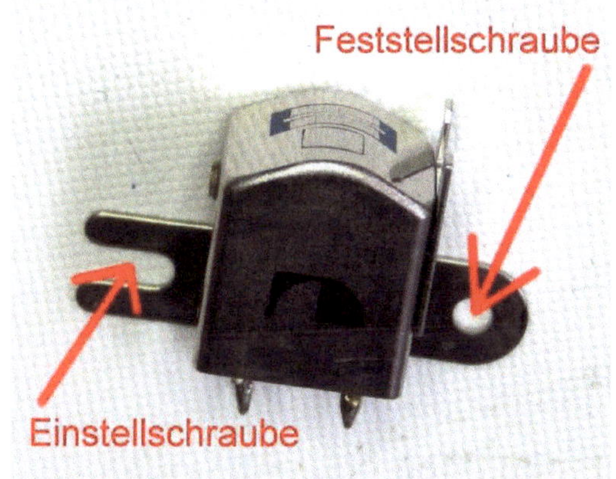

Jetzt wird die Frequenz von 8500 Hz der DRAGON Cassette abgespielt. Nun aber nur noch ganz leicht an der Einstellschraube drehen.

Die Feineinstellung mit der höheren Frequenz garantiert eine bessere Ortungsschärfe bei STEREO oder KUNSTKOPF. Ebenso ist die Klangtransparenz besser. Beide Wiedergabekanäle werden mit Hilfe einer Prüfleitung mit Krokodilklemmen

parallelgeschaltet.

Wird die Krokodilklemme gelöst, ist STEREO-Betrieb. Falls die Ausgangsspannung beim Umschalten von Stereo zur Mono-Summe stark zurückgeht, bzw. periodisch schwankt, dann muss der Azimut nachgestellt werden.

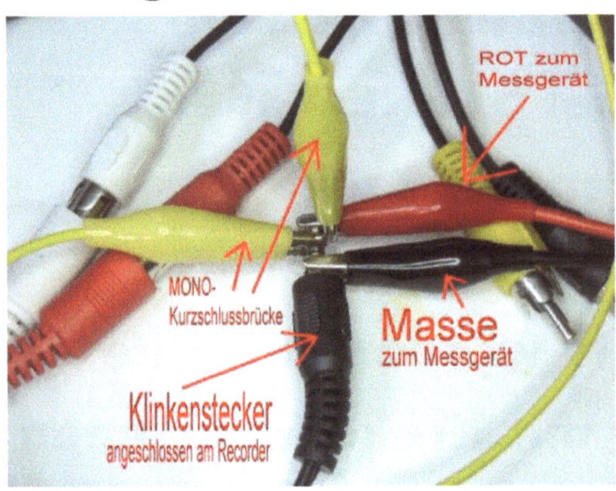

Ist der Azimut richtig eingestellt, zeigt das Messgerät keinen Unterschied an.

Aber nach all den Jahrzehnten, habe ich nie einen Unterschied bemerkt.

Eine weitere Kontrolle könnte nun mit dem Oszilloskop durchgeführt werden.

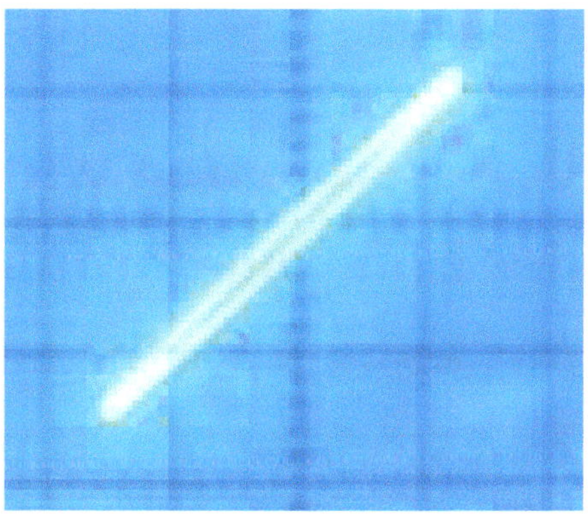

Dazu sind die Cinchkabel vom Recorder an die beiden Kanäle XY am Oszilloskop anzuschließen.

Folgende Lissajous-Figur sollte zu sehen sein:

Ein gerader Strich wäre perfekt.

Nun besitzt nicht jeder ein Oszilloskop. Wie gesagt, es soll nur eine Kontrolle sein.

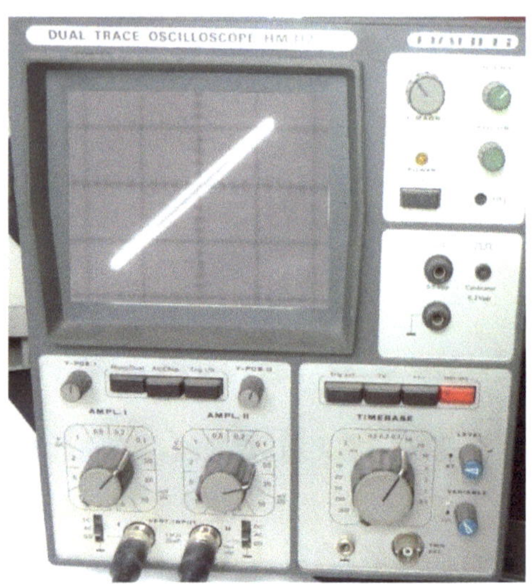

Daher kommen wir nun zum Verlacken der Einstellschraube. Aber bitte nicht mit Lack überfluten, in absehbarer Zeit könnte die Einstellung überprüft werden müssen.

Um zum perfekten Ende zu kommen, ist nun noch eine Entmagnetisierung nötig.

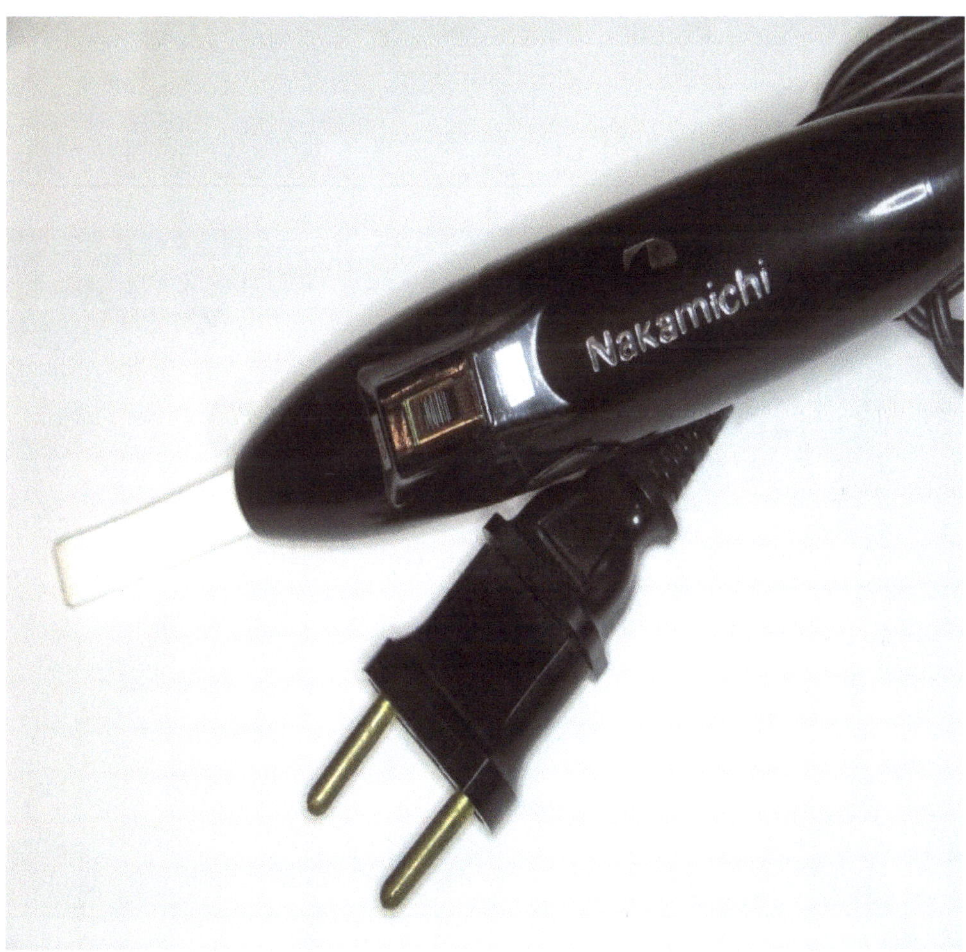

Azimut

Dragon
A
Azimut

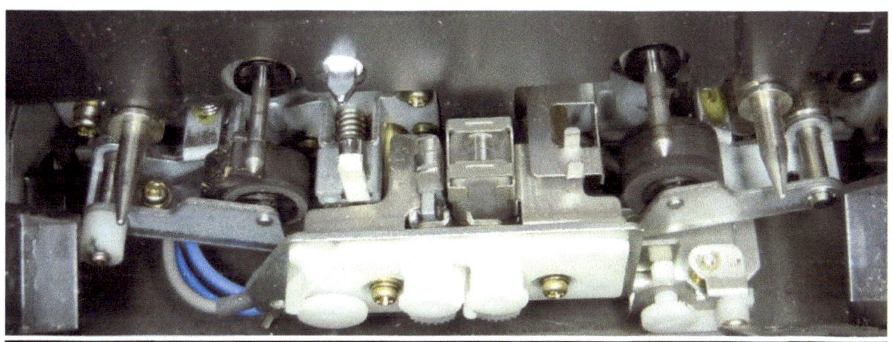

Azimut Aufnahme
Azimut Wiedergabe

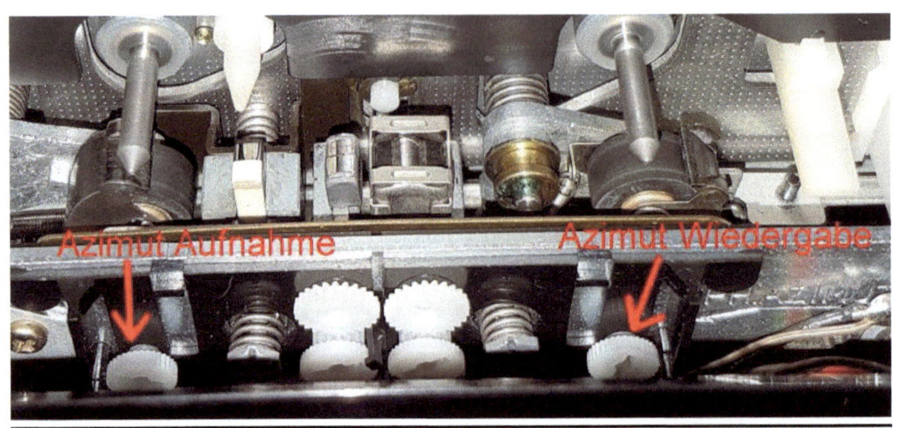

Azimut Aufnahme
Azimut Wiedergabe

Nakamichi DRAGON Auto Reverse Cassette Deck
Dragon
A

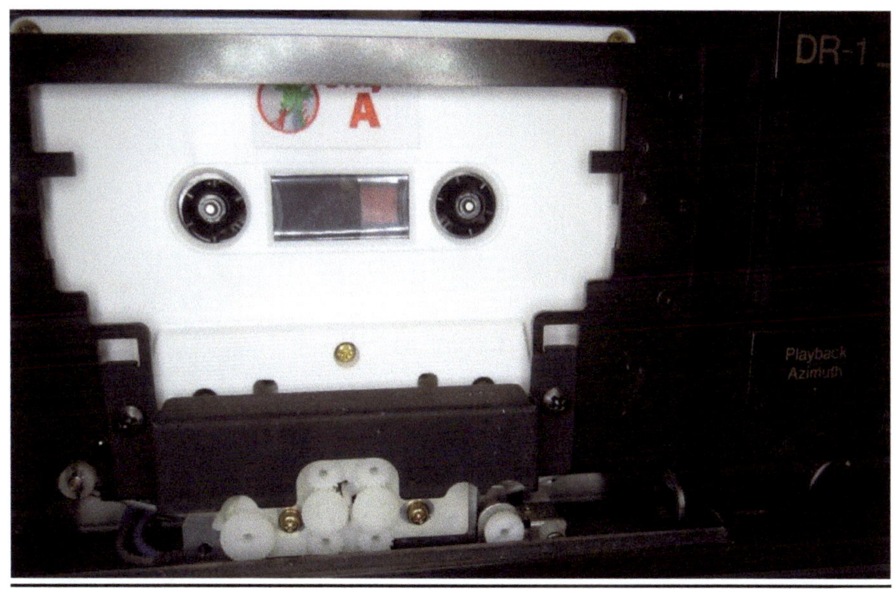
DR-1
Playback
Azimuth

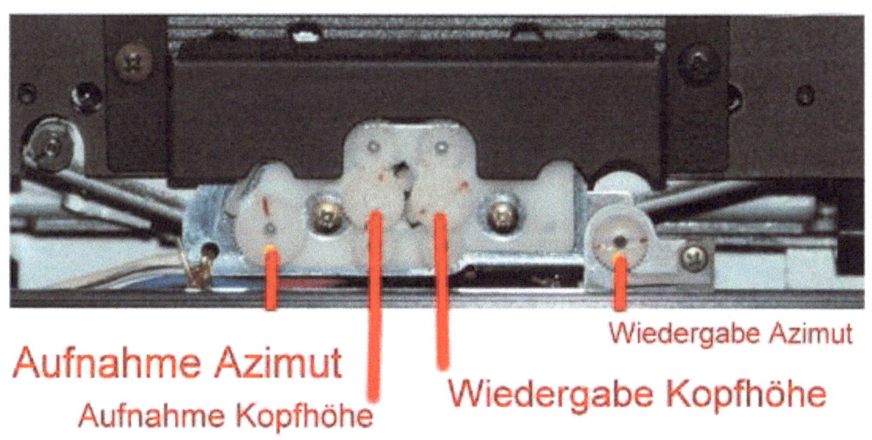
Wiedergabe Azimut
Aufnahme Azimut
Aufnahme Kopfhöhe
Wiedergabe Kopfhöhe

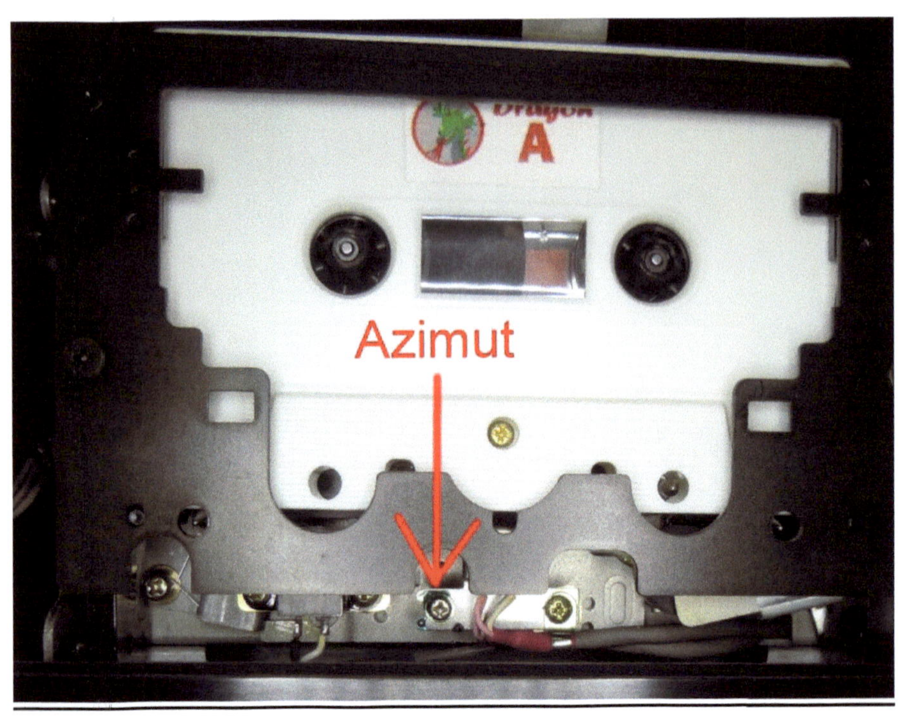

Draufsicht – von oben auf den Kopf gesehen – daher gespiegelt!

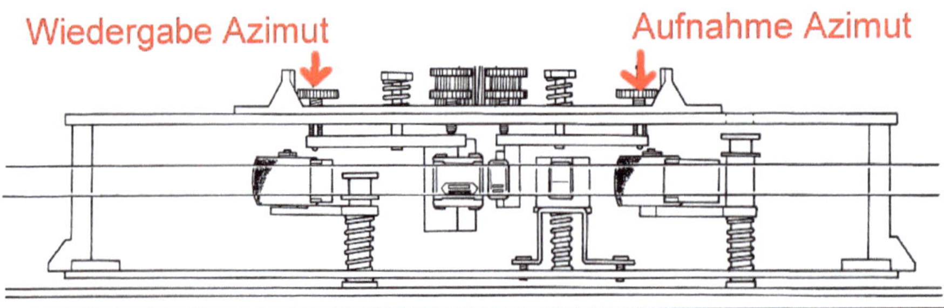

<u>Azimut (Spurfehlwinkel) des Wiedergabekopfes einstellen mit Hilfe eines analogen Vielfachmessgerätes:</u>

Wer nur ein Vielfachmessgerät besitzt, kann den Tonkopf genauso gut einstellen. Die schwachen Signale am Recorder-Ausgang reichen

aber nicht aus, um einen guten Zeigerausschlag zu sehen. Also nehmen wir einen Kopfhörerverstärker als Hilfe. Natürlich ist auch der

Verstärker Ihrer Musikanlage zu gebrauchen, aber aus Vorsicht benutze ich einen kleinen Kopfhörerverstärker. Der hat etwa 5 Watt, die Musikanlage u. U. mehrere 100 Watt.

Ein Kurzschluss am Lautsprecherausgang kann viel Schaden nach sich ziehen.

Der Lautstärkeregler dient nun als Pegeleinsteller, das Vielfachmessgerät wird auf den niedrigsten möglichen Spannungswert eingestellt, Wechselspannung, z.B. 10 Volt. Analog muss das Messgerät schon sein, die digitalen Zahlen sind nur schwer eintaumelbar. Mit einem Zeigerinstrument lässt sich der höchste Wert besser ablesen.

Zuerst wird wieder gereinigt, dann entmagnetisiert.

Die Testcassette ist wieder vor- und zurückzuspulen.

Nun beginnen wir wieder mit 1000 Hz.

Der Zeiger des Messgerätes wird mit Hilfe des Pegeleinstellers (Lautstärkeregler des Kopfhörerverstärkers) mittig eingestellt. Nun mit dem Schraubendreher an der Tonkopfeinstellschraube auf höchste Spannung eintaumeln.

Das gleiche gilt für die 8500 Hz der DRAGON Cassette. Nun aber nur minimal nach rechts und links drehen.

Die Einstellschraube ist zu verlacken und alles nochmals zu entmagnetisieren.

Nach dieser Methode funktioniert das Messgerät von SÜLTZ ELEKTRONIK:

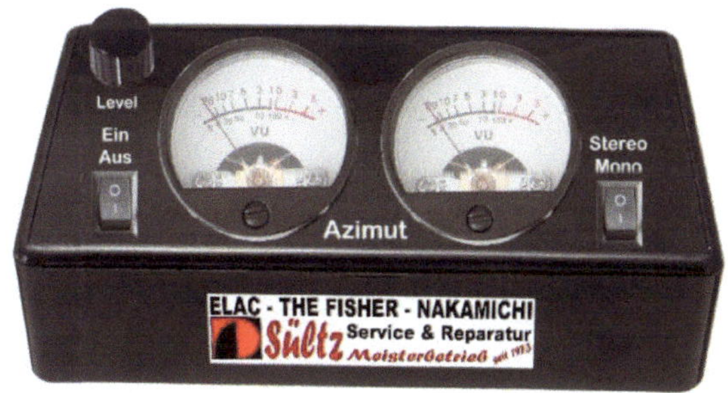

Natürlich kann nach der Einstellung wieder mit der MONO/STEREO-

Umschaltung, sowie dem Oszillographen kontrolliert werden.

Azimut (Spurfehlwinkel) des Wiedergabekopfes einstellen mit Hilfe eines 2-Strahl-Oszilloskopes:

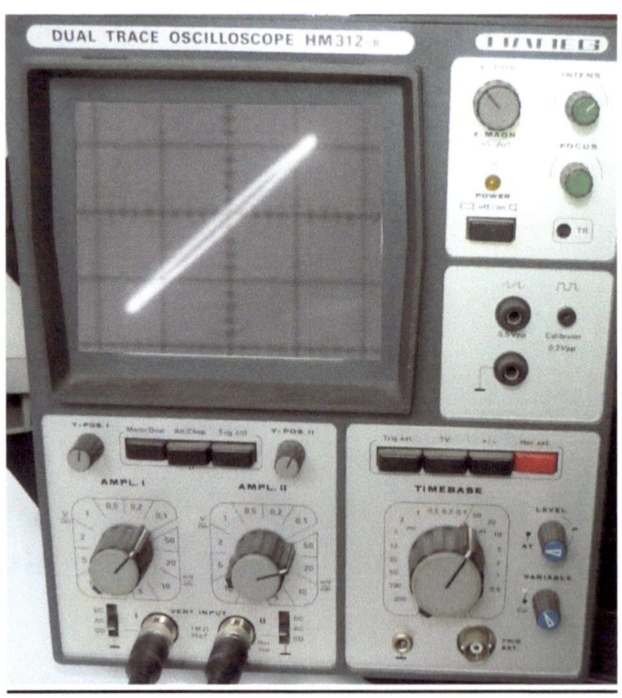

Zuerst die Reinigung. Dann die Entmagnetisierung.

Nun wird das Oszilloskop an die beiden Cinch-Ausgänge des Recorders angeschlossen.

Den Tonkopf so verstellen, dass der Pegel am stärksten auf dem Bildschirm ist und sich dann ein schräger Strich (von unten links nach oben rechts im

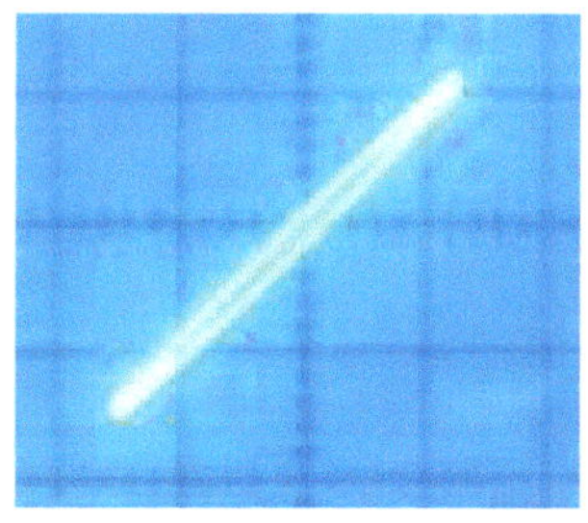

Winkel von 45°) auf dem Bildschirm ergibt (Phasengleichheit der beiden Kanäle).

Dabei kann sich ergeben, dass die Lissajous Figur nicht 100% ruhig steht, sondern etwas zappelt. Das ist nicht weiter besorgniserregend, sondern durch die Kassettentechnik als baubedingt zu betrachten.

Sollte die Lissajous-Figur etwas geöffnet sein, so kann dies bauartbedingt sein, aber auch auf 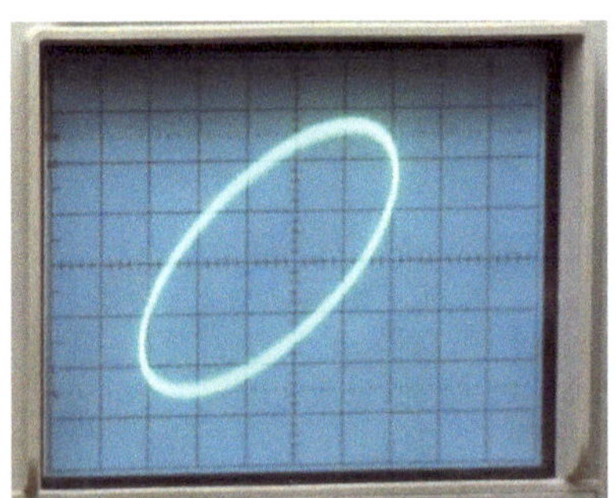 einen langsam schwächer werdenden Kopf hindeuten.

Aufgrund der Lage des Bandes beim Abspielen, verschlechtert sich immer erst ein Kanal.

Eine Öffnung von bis zu 10 Grad ist in Ordnung.

Nach der Einstellung die Stellschraube am Tonkopf mit Schraubensicherungslack fixieren. Danach noch eine Entmagnetisierung.

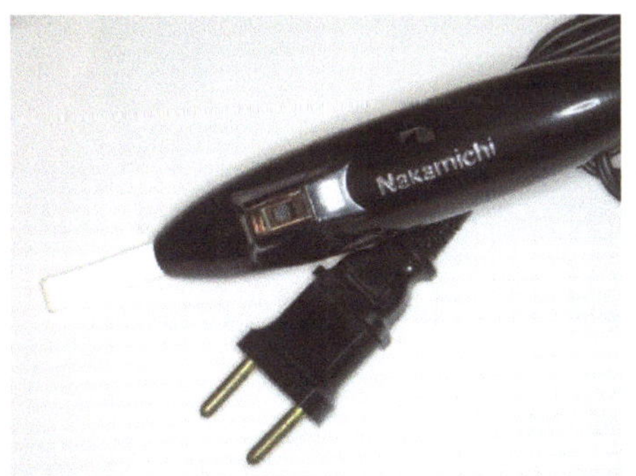

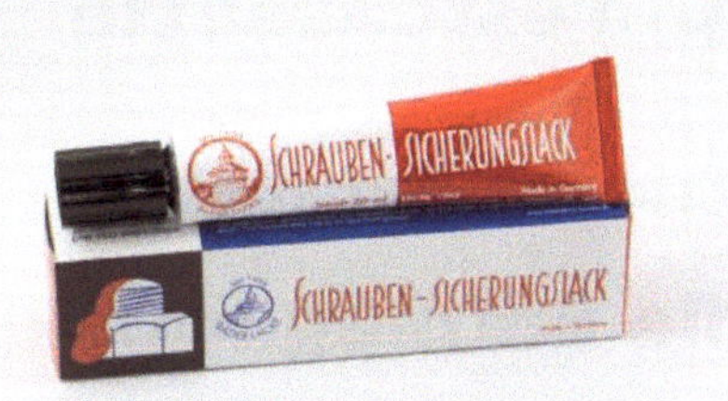

Azimut (Spurfehlwinkel) des Wiedergabekopfes einstellen mit Hilfe eines Kopfhörers:

Das ist die einfachste Einstellmöglichkeit der Tonkopfeinstellung, denn es wird nichts weiter benötigt als:

1. Entmagnetisierungsdrossel

2. Schraubendreher

3. Sicherungslack

4. Testcassette

Zuerst erfolgt die Reinigung, danach die Entmagnetisierung.

Die Testcassette vor- und zurückspulen.

Den Kopfhörer in den Endverstärker einstecken und die Lautstärke auf MINIMUM stellen (ACHTUNG bei zu hoher Lautstärke! Achten Sie auf Ihre Ohren!). Der Kopfhörerverstärker eignet sich ebenfalls sehr gut.

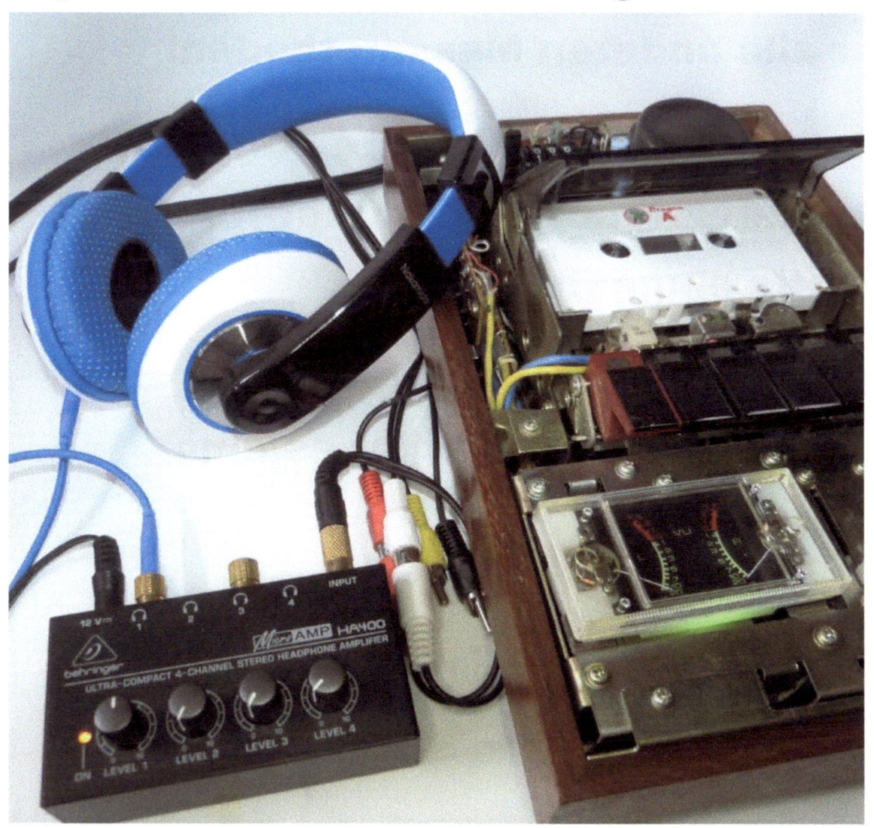

Wir beginnen wieder mit der 1000 Hz Frequenz und danach die 8500 Hz. Ist der Kopf unberührt, reichen die 8500 Hz. Wie erwähnt, 15000 Hz oder 20000 Hz helfen nicht. DOLBY MUSS AUSGESCHALTET SEIN! Das gilt auch für alle anderen Messmethoden!

Wenn der Ton am hellsten und stärksten erscheint, ist der Kopf richtig eingestellt.

Nun kommt der Sicherungslack zum Einsatz und danach gibt es eine Entmagnetisierung.

<u>Azimut (Spurfehlwinkel) des Wiedergabekopfes einstellen mit Hilfe von modernen LED-VU-Metern:</u>

Eigentlich müsste man bei dem Anschluss von Messgeräten mit einem Lastwiederstand und einem Kondensator arbeiten, damit das Messergebnis nicht beeinflusst wird. Aber uns interessiert nicht das Messergebnis in Volt oder dB, sondern nur der maximalen Höchstausschlag.

Hier nun die Messung mit modernen LED-VU-Metern.

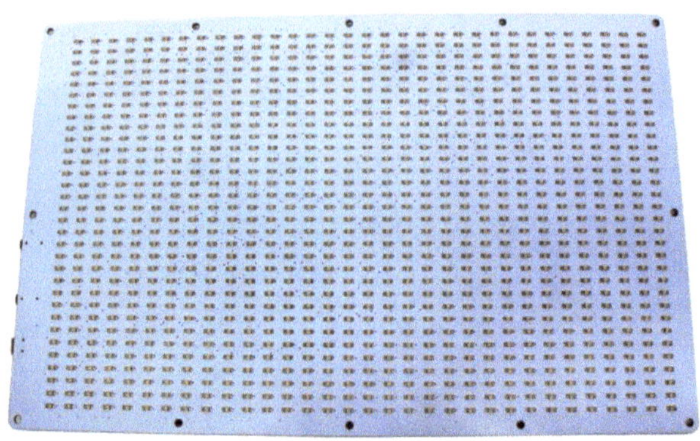

Wir beginnen wieder mit einer Reinigung, danach mit der Entmagnetisierung.

Ein Kopfhörerverstärker verstärkt das Signal, welches am Recorder Ausgang an den Cinch- oder 5 Pol-Din- Kabeln abgenommen wird.

Die LED-VU-Meter besitzen einen Klinkenstecker, der in den Kopfhörerverstärker eingesteckt wird.

Der Kopfhörerverstärker besitzt entweder einen Klinkenanschluss oder Cinch-Stecker. Somit lässt sich der Kopfhörerverstärker an den Cinch-Ausgang des Recorders anschließen oder an den Kopfhörerausgang, falls vorhanden, des Recorders. Unter

Umständen kann sogar der Kopfhörerverstärker dann entfallen.

Nun ist wieder auf ein Maximum, in diesem Fall ein LED-Anzeigemaximum einzustellen.

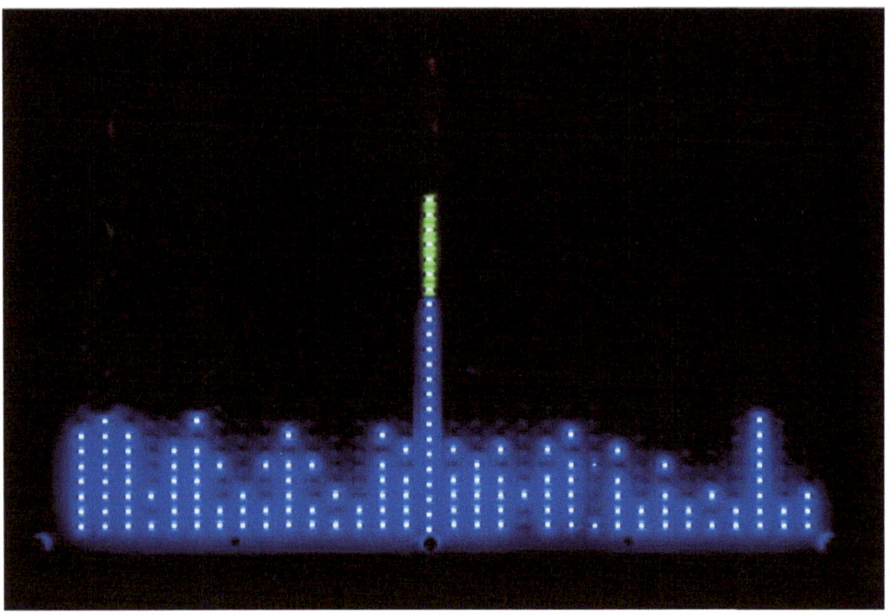

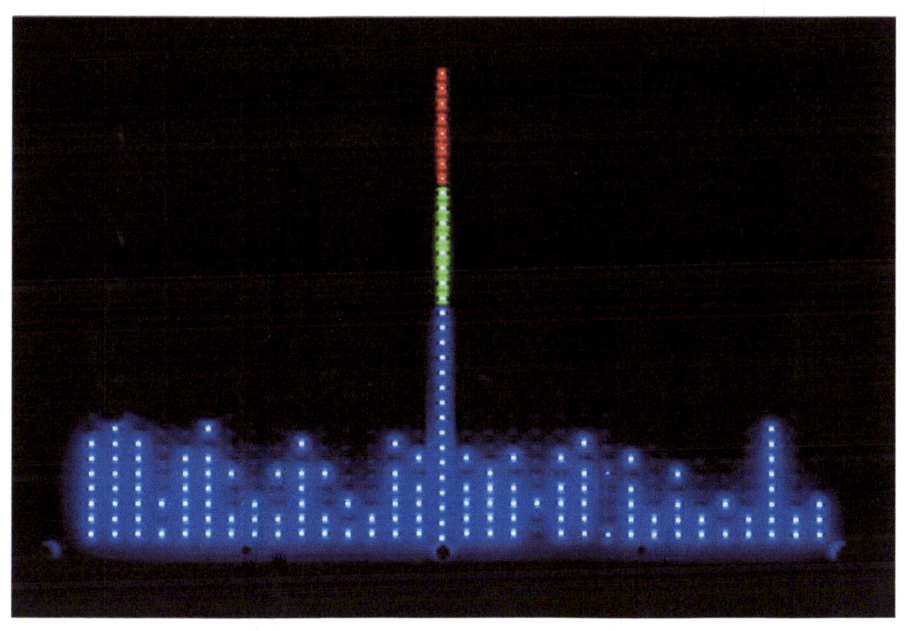

Alles Weitere ist bereits beschrieben.

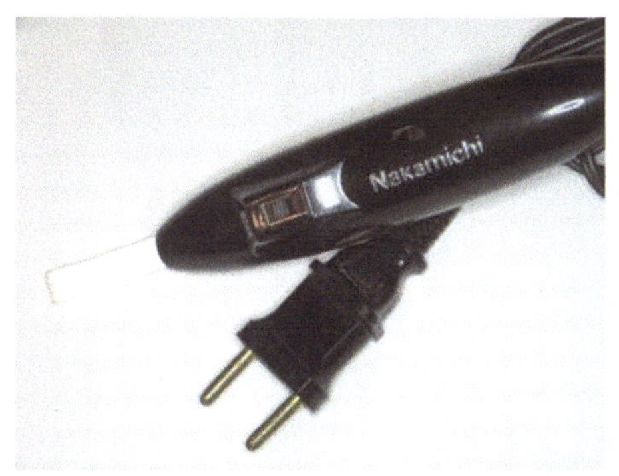

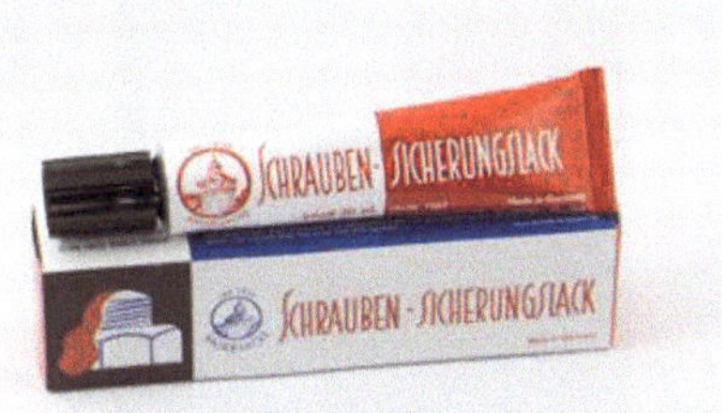

Azimut (Spurfehlwinkel) des Wiedergabekopfes einstellen mit Hilfe einer Rauschcassette:

Die Rauschkassette ist in MONO aufgezeichnet. Das heißt, dass auf dem rechten und linken Kanal immer die gleichen Signale anliegen. Bei der

Umschaltung von MONO auf STEREO sollten nun keine Höhenunterschiede feststellbar sein.

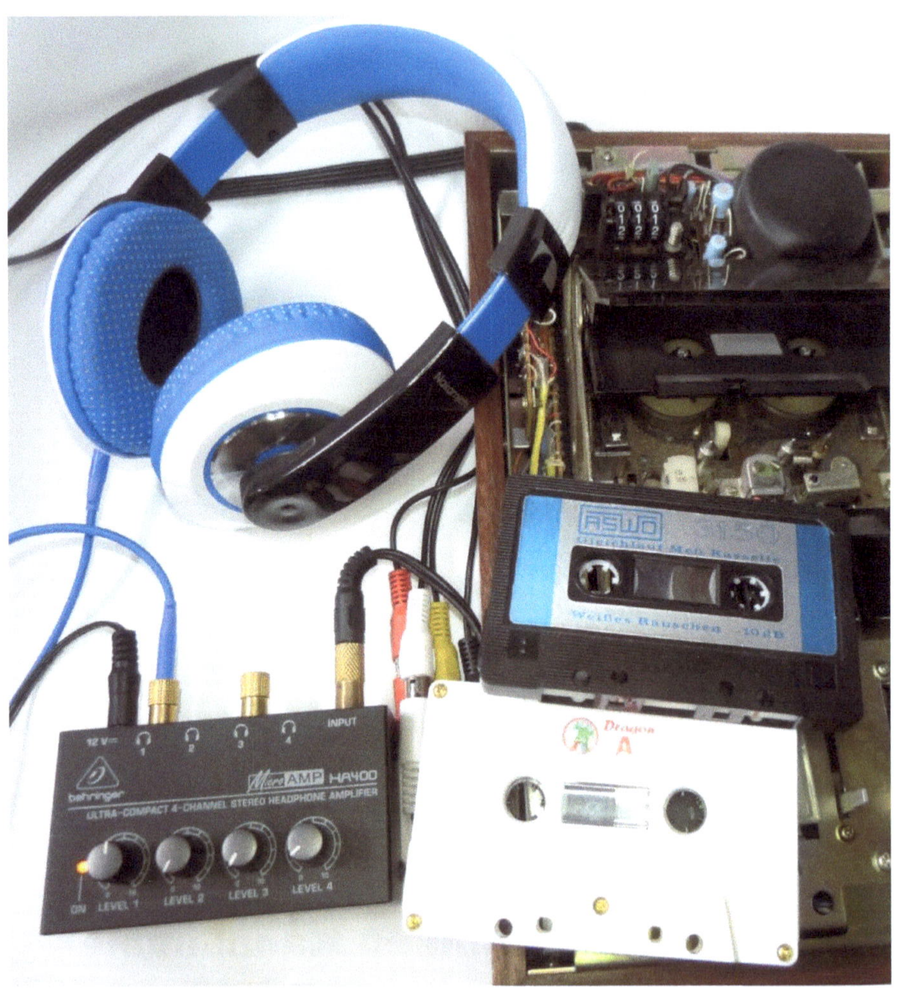

Am besten eignen sich Kopfhörer, aber achten Sie auf die Lautstärke, um keinen Gehörschaden zu bekommen! Nichts ist zu ändern, nur die Rauschkassette einlegen und los geht es.

Natürlich ist zuerst der Recorder zu reinigen und zu entmagnetisieren. Legen Sie aber die Testcassette weit weg, ansonsten nimmt sie bei der Entmagnetisierung Schaden.

Ohne DOLBY und EQ 120 oder EX wird die Cassette abgespielt. Die HÖHEN am Verstärker werden auf MAX gestellt.

Der Verstärker sollte einen Umschalter von MONO auf STEREO

besitzen. Ansonsten gibt es Kopfhörerzwischenschalter.

Bei der Umstellung von MONO auf STEREO sollten nun keine Unterschiede im Hochton zu hören sein. Ansonsten muss korrigiert werden. Dann beträgt der Azimutwinkel wieder 90 Grad.

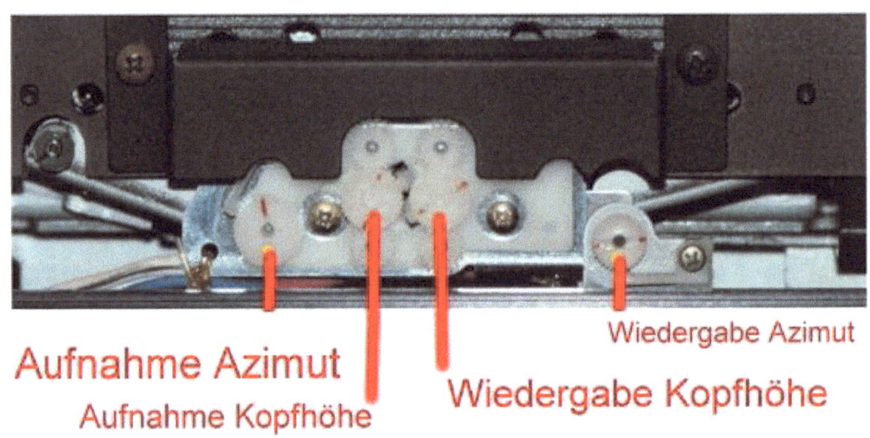

Eine Entmagnetisierung ist nur nötig, wenn der Tonkopf mit einem Schraubendreher eingestellt werden musste.

Entmagnetisierungscassette von TDK

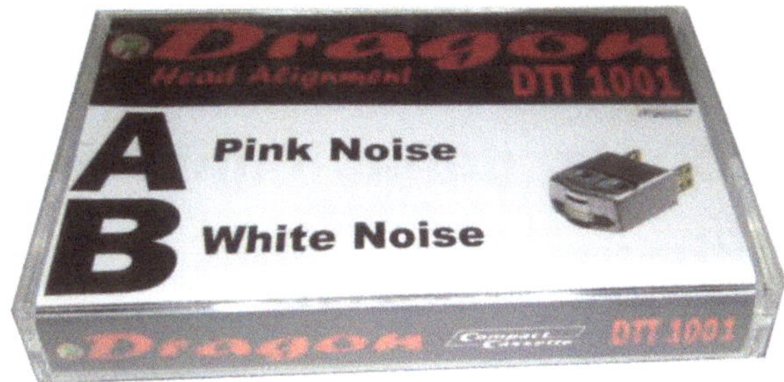

Noise Einstellungscassetten von DRAGON.

Azimut (Spurfehlwinkel) des Aufnahmekopfes einstellen bei getrennten A/W-Köpfen:

Recorder, die einen räumlich getrennten Aufnahmekopf vom Wiedergabekopf besitzen (NAKAMICHI), benötigen eine Sonderbehandlung. Der Wiedergabekopf wird, wie bereits erklärt, eingestellt.

Also zuerst die Reinigung, danach die Entmagnetisierung, jetzt den Tonkopf mit Hilfe der DRAGON-Einstellcassette zunächst mit 1000 Hz, danach mit den 8500 Hz auf Maximum einstellen.

Jetzt ist der Aufnahmekopf zu kontrollieren und gegeben falls nach zu justieren. Dazu benötigen Sie ein Testsignal, etwa von einer CD. AUDIO-TEST-CD's eignen sich hervorragend dazu. Erhältlich sind diese CD's z.B. in EBAY.

Ideal ist auch ein Sinusgenerator. Ein zweites, geeichtes Tapedeck ist auch zu verwenden. Ja sogar ein Radiosignal mit guten hohen

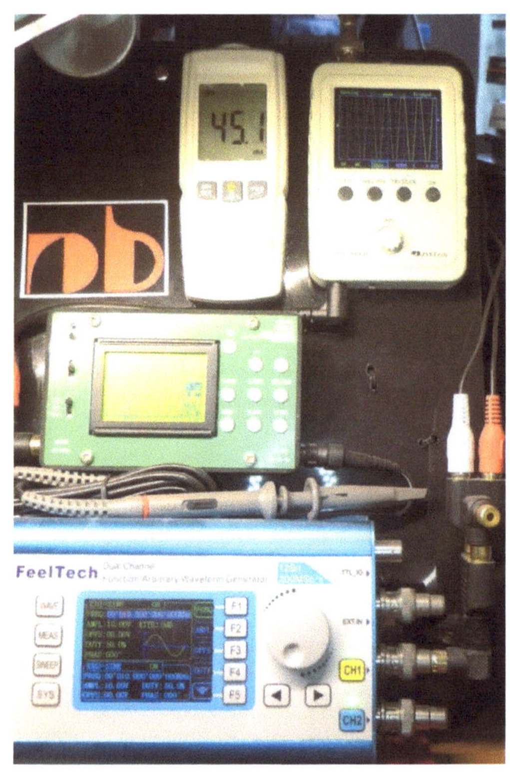

Tönen eines Hits. Und auch mit Rauschen kann der Aufnahmekopf eingestellt werden.

Das Testsignal ist zu starten und der Recorder wird auf Aufnahme eingestellt. Zuvor ist natürlich eine sehr gute Leercassette einzulegen.

Die Aufnahme wird gestartet und die Hinterbandkontrolle aktiviert.

Nun wird am Recorder-Ausgang wieder das Signal auf Maximum eingestellt, nach welcher zuvor beschriebenen Methode bleibt Ihnen überlassen. WICHTIG IST NUR, DASS SIE AN DER EINSTELLSCHRAUBE DES AUFNAHMEKOPFES DREHEN!

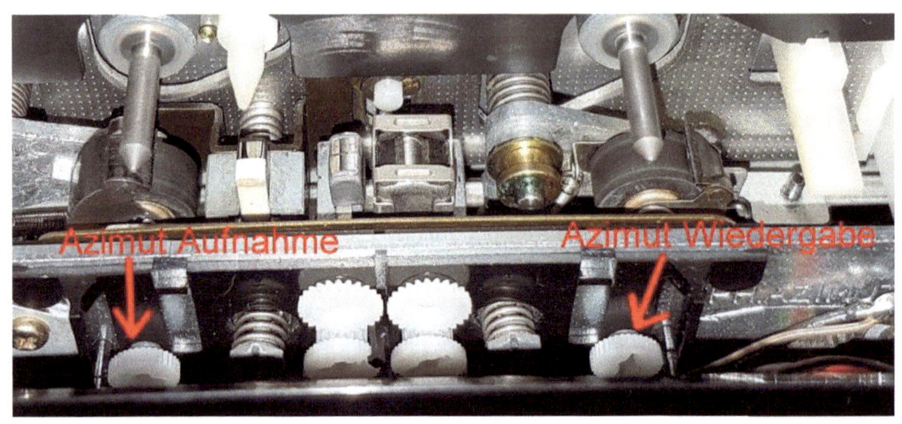

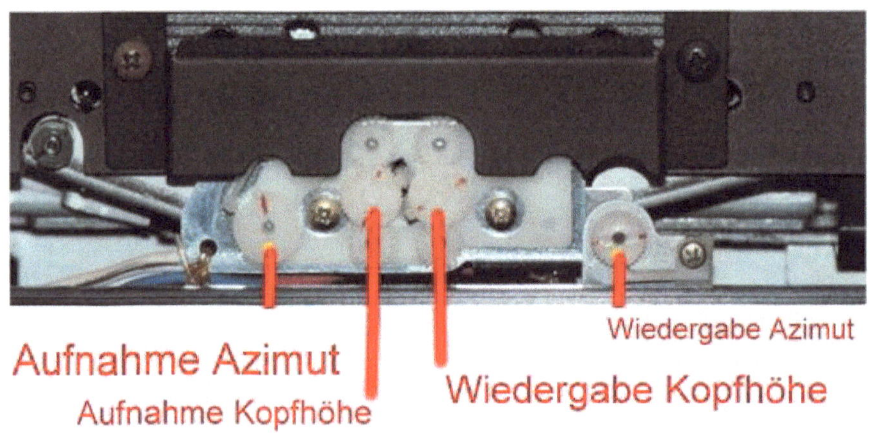

Zuletzt das Verlacken nicht vergessen und die Entmagnetisierung durchführen.

Azimut Einstellung am NAKAMICHI 1000 Tri Tracer:

Der Recorder NAKAMICHI 1000 besitzt 3 Köpfe, man nannte ihn Tri Tracer. Der Aufnahmekopf ist von außen einstellbar. Anhand von 2 Leuchtdioden wird die korrekte Einstellung angezeigt. Lediglich der Wiedergabekopf könnte geprüft werden. Ein kleiner Sicherheitsaufkleber ist dann zu durchstoßen, und die Einstellung kann beginnen.

Die Cassettenfach-Abdeckung ist leicht auszuhebeln. Danach wird gesäubert. Es folgt die Entmagnetisierung.

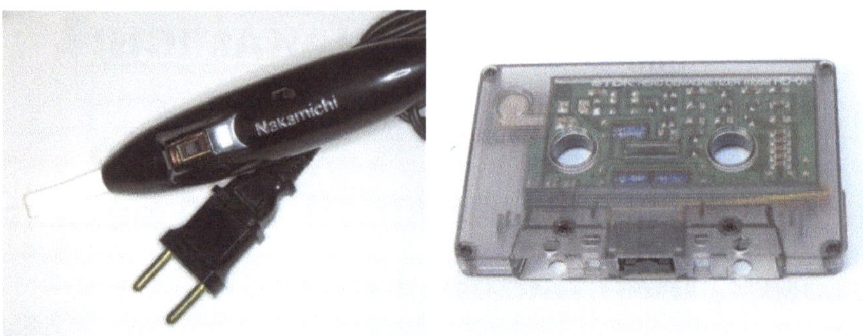

Bei der Azimut Einstellung bleibt nun Ihnen überlassen, wie Sie vorgehen möchten. Der Tri Tracer besitzt einen regelbaren Kopfhörerausgang, so dass ein passendes Messgerät direkt angeschlossen werden kann.

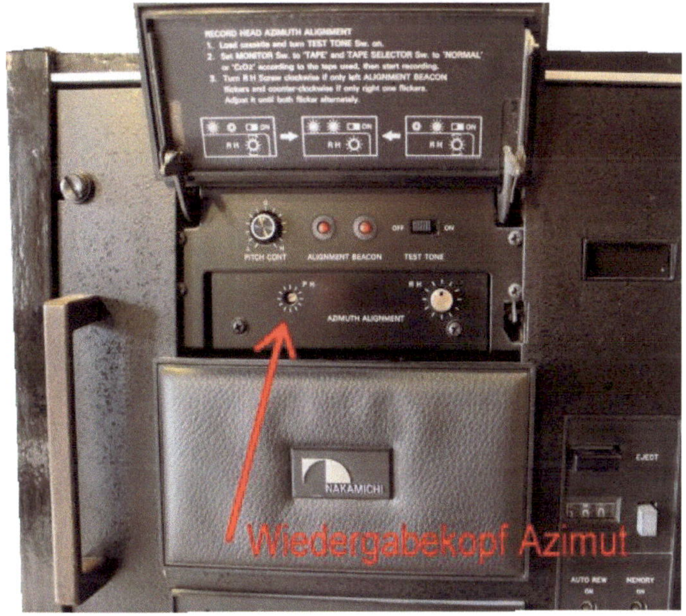

Hier wird der Wiedergabekopf eingestellt.

Selten zu sehen: Eine ausgebaute Kopfträgerplatte. Hier wird gerade eine Andruckrolle gewechselt.

Auf der nächsten Seite sehen Sie ein Schaubild „Made by NAKAMICHI":

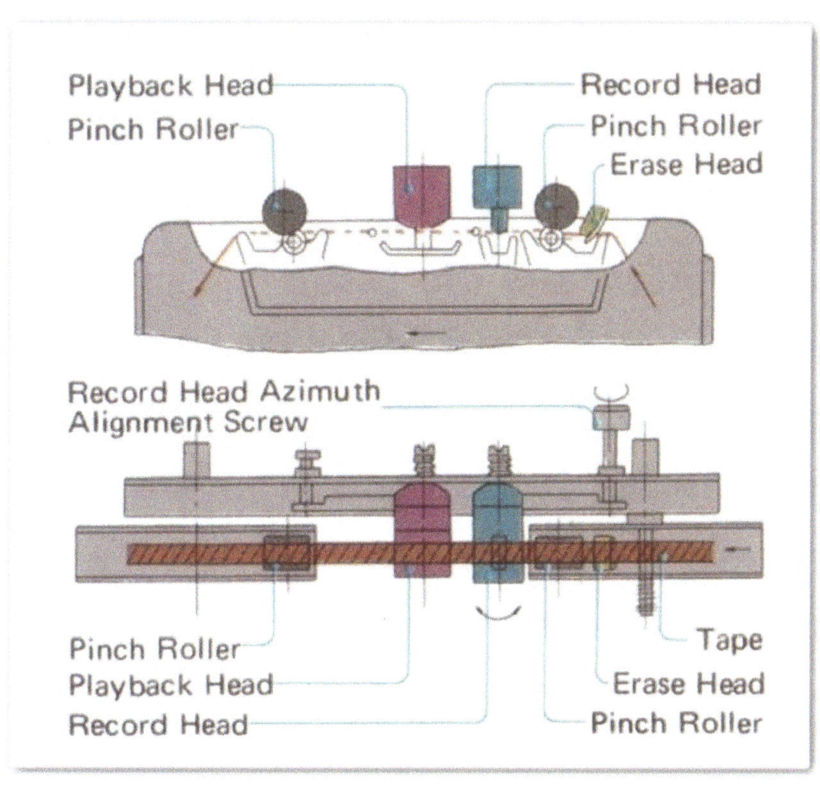

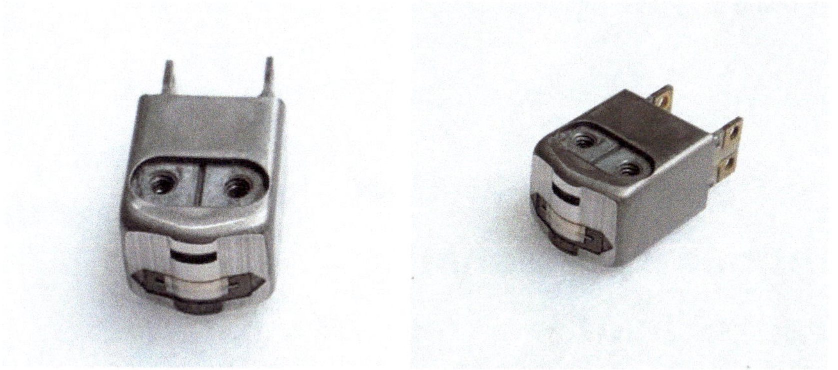

Alle weiteren Arbeiten sind bekannt.

<u>**Herstellung einer Spiegelkassette:**</u>

Sollte das Band an die Bandführungen anstoßen oder entlanglaufen, so ist schlimmstenfalls die teure Messcassette nicht mehr zu gebrauchen. Es ist daher sehr wichtig, den Bandlauf zu kontrollieren. Das Band muss mittig zwischen den Bandführungen laufen.

Eine aufschraubbare Kassette ist so auszusägen oder aufzufräsen:

(Das Band ist zu kürzen, damit es nicht aus dem Gehäuse herausschaut.)

Sie sehen, warum das Band gekürzt werden muss.

Die Kassette zusammensetzen. Auf dem Bild sehen Sie die wahrscheinlich erste Spiegelcassette von PHILIPS aus dem Jahr 1967.

Mit einem Spiegel kann nun der Bandlauf kontrolliert werden. Je nach Geschick kann ein Spiegel eingeklebt werden, aber es funktioniert auch der Makeup-Spiegel Ihrer Gattin.

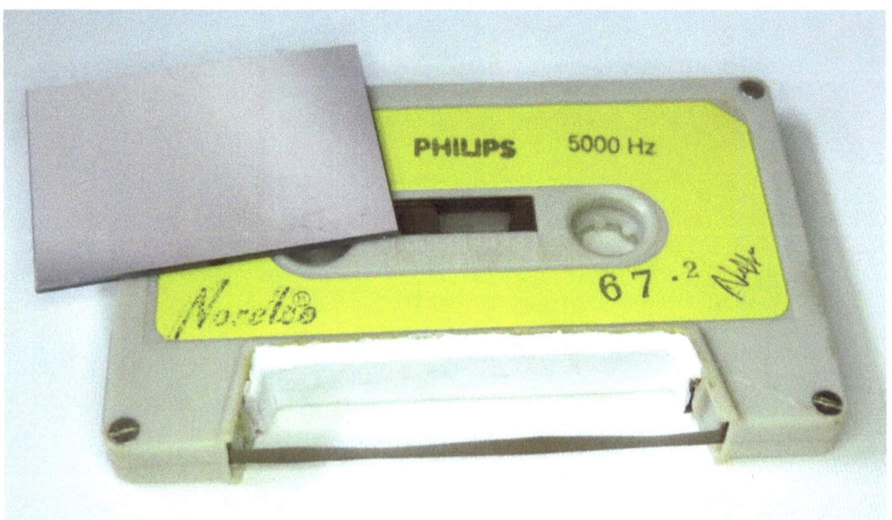

GRUNDIG
service
Bandlauf-
cassette
459

YES - WRITE - NO
Scotch
BRAND
SIDE B
DIGITAL
CASSETTE

DA09011A   Tape Travelling
Nakamichi Research Inc.

Bandlauf-Spiegelcassette BSC 21
Tape Path Mirror Cassette BSC 21
Cassette de contrôle de défilement de bande avec miroir BSC 21
Made in W-Germany
KÖNIG
4910

GRUNDIG
service
Bandlauf-
cassette
459
E-50S 53

PHILIPS
Service Mirror Cassette
814/SMC
Service
Service
Service
Made in
Austria
Ordering code   4822 395 30058
E-50S 53

Für alle Arbeiten am Tonkopf gilt: Wird der Tonkopf verstellt, so werden bei allen gemachten Aufnahmen die Höhen fehlen! Neuaufnahmen sind dann natürlich in perfektem Zustand! Überdenken Sie also vorher, was nachher sein wird!

Dagegen sollte ein Service regelmäßig durchgeführt werden. Gerade die Andruckrolle oder Rollen sollten immer gereinigt sein! Auch muss der Bandzug immer korrekt eingestellt sein. Ihre hochwertigen Bänder werden es Ihnen danken!

Weiterhin achten Sie bitte auf Ihr Gehör bei Tests mit dem Kopfhörer!

Ansonsten kann ich Ihnen viel Freude mit dem Hobby Musik, speziell mit dem Compact Cassetten Recorder, wünschen. Übrigens, PHILIPS legte in den 1960'er Jahren fest, dass die Compact Cassette und der Recorder mit „C" geschrieben werden, um international geschrieben zu werden.

Danke für Ihr Interesse

Uwe H. Sültz

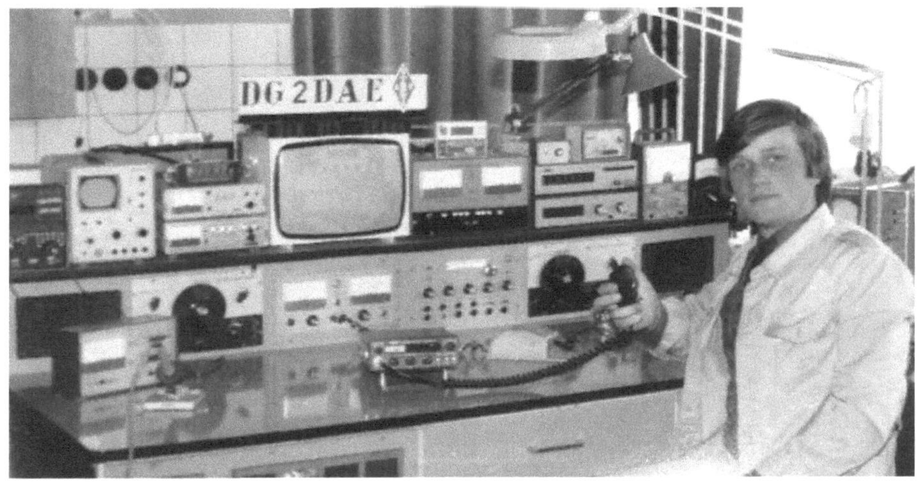

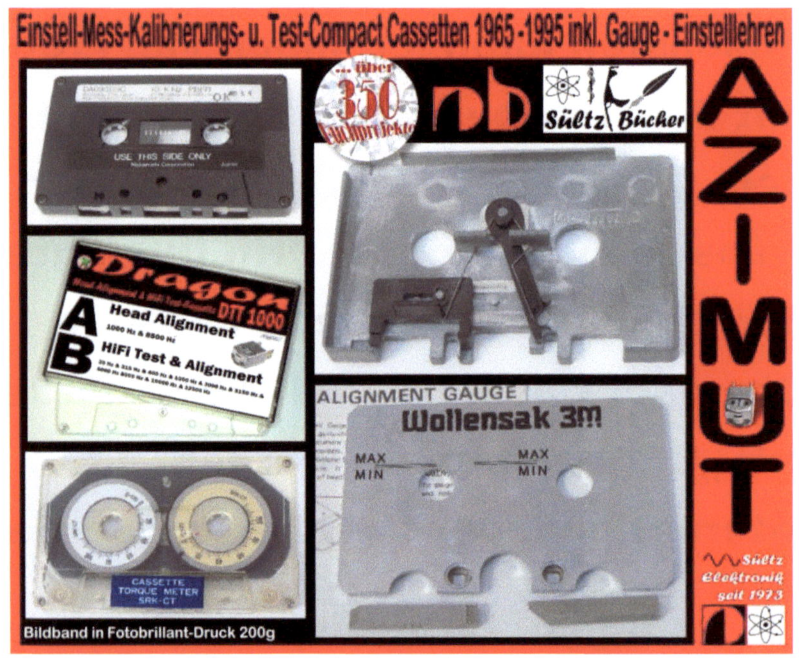
Einstell-Mess-Kalibrierungs- u. Test-Compact Cassetten 1965 -1995 inkl. Gauge - Einstelllehren
... über 350 Buchprojekte
nb
Sültz Bücher
AZIMUT
USE THIS SIDE ONLY
Dragon DTT 1000
A Head Alignment
1000 Hz & 8500 Hz
B HiFi Test & Alignment
CASSETTE TORQUE METER SRK-CT
ALIGNMENT GAUGE
Wollensak 3M
MAX MIN
MAX MIN
Sültz Elektronik seit 1973
Bildband in Fotobrillant-Druck 200g

Sültz Bücher
Cassetten-Tonbandgerät
ELAC CD 600
ELAC NAKAMICHI 500
NAKAMICHI 500
ELAC CD 600
nb
Bedienungsanleitung

ELAC
Compact Cassetten Recorder
mit den NAKAMICHI-Chassis
HIGH FIDELITY
STEREO
QUADRO
ELAC
ELAC 1973
Phono-
Programm
Phono
Pro-
gramm
73/74
1973
Nakamichi
Sültz Bücher
Nakamichi
ELAC STEREO-CASSETTE C-30
ELAC Nakamichi

BEDIENUNGSANLEITUNG
OPERATING INSTRUCTIONS

PHILIPS NORELCO

COMPACT CASSETTEN RECORDER
EL 3300/01/02

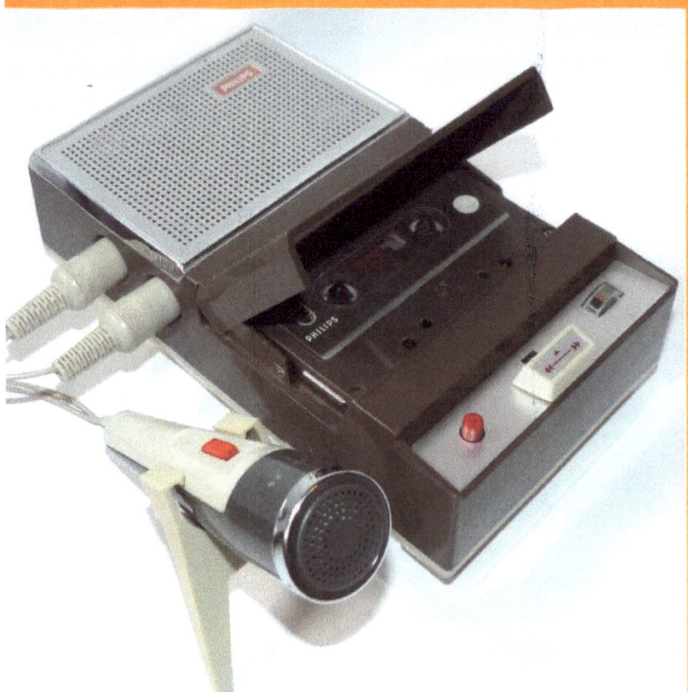